BEI GRIN MACHT SICH IHR WISSEN BEZAHLT

- Wir veröffentlichen Ihre Hausarbeit,
  Bachelor- und Masterarbeit

- Ihr eigenes eBook und Buch -
  weltweit in allen wichtigen Shops

- Verdienen Sie an jedem Verkauf

Jetzt bei www.GRIN.com hochladen
und kostenlos publizieren

Bibliografische Information der Deutschen Nationalbibliothek:

Die Deutsche Bibliothek verzeichnet diese Publikation in der Deutschen National-
bibliografie; detaillierte bibliografische Daten sind im Internet über http://dnb.d-
nb.de/ abrufbar.

Impressum:

Copyright © 2017 GRIN Verlag
Druck und Bindung: Books on Demand GmbH, Norderstedt Germany
ISBN: 9783668671157

Joey Lukas

Psychophilie und Sphingophilie. Anpassung von Blüten an die Bestäubung durch Schmetterlinge

GRIN Verlag

Universität Koblenz-Landau; Campus Koblenz

FB 3: IfIN Abteilung Biologie

Master of Education

Modul 13 A - Blütenökologie der Pflanzen

Veranstaltungsnummer: 0302019

Psychophilie und Sphingophilie

—

Anpassung von Blüten an die Bestäubung durch Schmetterlinge

Hausarbeit

Wintersemester 2016/2017

Joey Lukas

Inhaltsverzeichnis

1. Einleitung

Die große Biodiversität der Angiospermenblüten lässt sich auf die Mannigfaltigkeit der Bestäubungsmöglichkeiten zurückführen. War in der Evolutionsgeschichte zunächst Wasser als Medium zur Bestäubung unabdingbar, entwickelten sich bei den Gymnospermen morphologische Merkmale, die die Pollenverbreitung über den Wind (Anemophilie) ermöglichten. Die Entwicklung hin zu biologischen Vektoren zur Pollenausbreitung (Zoophilie) bildet die Grundlage für die Anpassung des Blütenaufbaus vieler Arten der Angiospermen. Als Bestäuber fungieren vor allem Insekten, darunter Schmetterlinge (Lepidophilie), Käfer (Cantherophilie), Bienen (Mellitophilie), aber auch Säugetiere wie Fledermäuse (Chiropterophilie) oder gar Lemuren. Weiterhin muss die Pflanze Anpassungen aufweisen, die einerseits den jeweiligen Bestäuber anlockt und andererseits dem Bestäuber einen Benefit bietet, zum Beispiel in Form von Nahrung, Duftstoffen oder einer Schlafplatzmöglichkeit. Andere Anpassungsformen signalisieren dem Bestäuber einen Benefit, liefern diesen aber nicht. Hier spricht man von Täuschblumen, die beispielsweise Nektarverfügbarkeit, einen Eiablageplatz oder einen Sexualpartner imitieren. Dabei profitieren sie von der Bestäubung durch das Tier. Die Anpassungsmerkmale an die Bestäubung durch Schmetterlinge (Lepidopterophilie) lässt sich gut in Tagfalterblüten und Nachtfalterblüten unterteilen. Allen gemeinsam ist das Angebot an niederviskosem Nektar, den der Schmetterling mit seinen zu einem Saugrüssel umgewandelten Mundwerkzeugen aufnehmen kann (Glossata). Eine Ausnahme bilden lediglich die urtümlichen Unterordnungen der Lepidoptera. Die Einteilung der Pflanzen in Tag- und Nachtfalterblüten lässt sich analog auf die Bestäuber anwenden, die als Tag- bzw. Nachtfalter bezeichnet werden. Hierbei handelt es sich in beiden Fällen um eine rein ökologische Einteilung, keinesfalls um eine taxonomische Systematik. Die Blütensyndrome von tag- und nachtfalterbestäubten Pflanzen unterscheiden sich vor allem in Farbmerkmalen und Duft. Eine hochspezialisierte Anpassung von Blüte und Bestäuber ist auf Madagaskar zu beobachten. Hier korreliert die Rüssellänge der Nachtfalter stark mit der Spornlänge der teilweise endemischen Sternorchideen. Dieser Zusammenhang wurde von Charles Darwin erkannt, der für eine Orchideenart mit extremer Spornlänge einen Bestäuber mit entsprechender Rüssellänge voraussagte.

2. Systematik der Lepidoptera

Die Ordnung der Schmetterlinge gliedert sich taxonomisch in die Klasse der Insekten und in die Überordnung der Neuflügler ein. Die Bezeichnung Lepidoptera leitet sich aus dem Griechischen ab und bedeutet Schuppenflügler. Mit Ausnahme des Saugrüssels, der Facettenaugen, der Fühler und der Beine ist der gesamte Körper der Schmetterlinge mit feinen Chitinschuppen bedeckt. Die Ordnung der Schmetterlinge umfasst 160.000 Arten in 130 Familien mit 46 Überfamilien (O'TOOLE 2002). Schmetterlinge sind auf allen Kontinenten mit Ausnahme der Antarktis verbreitet. In Europa wurden über 10.600 Arten katalogisiert, 3600 dieser Arten kommen in Deutschland vor (KARSHOLT 1996). Lepidoptera werden in vier Unterordnungen unterteilt: Zeugloptera, Aglossata, Heterobathmiina und Glossata. Innerhalb dieser bilden die Glossata die größte Unterordnung, während die anderen drei Unterordnungen mit jeweils nur einer Familie vertreten sind. Die Schmetterlinge der drei rezenten Unterordnungen tragen als Imagines noch kauend-beißende Mundwerkzeuge, mit denen vor allem Pollen gefressen werden. Zeugloptera (Urmotten) sind weltweit mit etwa 100 Arten vertreten. Sie haben einen langgestreckten Körper mit einer Flügelspannweite von 7 bis 15 mm. Als Raupen weisen sie echte Bauchbeine auf. Die Aglossata (Kauri-Motten) kommen im südwestpazifischen Raum vor. Als Imagines haben sie reduzierte Mundwerkzeuge, ihre Raupen weisen bereits keine echten Bauchbeine mehr auf. Die Heterobathmiina sind in Südamerika verbreitet und haben pollensammelnde Mundwerkzeuge. Bei den Glossata sind die Mandibeln stark zurückgebildet. Die stark verlängerten Außenladen (Galea) der Maxillen bilden zusammen einen Saugrüssel, der in Ruheposition spiralförmig unter dem Kopf aufgewickelt ist (GRZIMEK 1969). Der Saugrüssel limitiert die Nahrungsaufnahme auf niederviskose Flüssigkeiten. Diese Schmetterlinge ernähren sich vor allem von Blütennektar und Pflanzensäften, selten aber auch von Honig, Tränenflüssigkeit oder Blut. Bei einigen Schmetterlingsarten sind die Mundwerkzeuge der Imagines so stark reduziert, dass eine Nahrungsaufnahme nicht möglich ist. Die adulten Tiere sterben wenige Zeit nach der Fortpflanzung.

3. Psychophilie – Blütenanpassung an Tagfalterbestäubung

Blüten, die an die Bestäubung durch Tagfalter angepasst sind, weisen vor allem aufrechtstehende, röhrenförmige Blüten oder Stieltellerblüten auf. Der Nektar liegt bis zu 4 cm tief verborgen. Die Tagfalter benötigen einen Landeplatz auf oder in der Nähe der Blüte. Die Blütenfarbe ist variabel, selten weiß reichen die Farbtöne von rot über blau bis zu gelber Farbe. Oft tragen die Blüten Farbmale, die den Weg zum Nektar weisen (Saftmale). Der Geruch der Blüten ist schwach ausgeprägt, meist blumig oder fruchtig duftend. Häufig besuchte Arten in Deutschland sind Vertreter der Nelkengewächse und der Kardengewächse (NORDT 2007). Allerdings besuchen Tagfalter nicht nur speziell an sie angepasste Blüten. Oft findet man sie auch auf Blütenständen mit kleinen Einzelblüten wie am Beispiel des Tagpfauenauges (*Aglais io* L.) am Schmetterlingsflieder (*Buddleja davidii* FRANCH.) (Abbildung 1a). Bei der Kronen-Lichtnelke (*Silene coronaria* CLAIRV.) bilden die fünf Petale den Teller der Stieltellerblüte, auf der sich Tagfalter wie der Zitronenfalter (*Gonepteryx rhamni* L.) zum Saugen niederlassen (Abbildung 1b). Die starre Nektarkrone, die den Eingang zum Nektar ziert, wird ebenfalls von den Petalen gebildet und verhindert die Ausbeutung durch illegitime Besuchern.

Abbildung 1: a: Tagpfauenauge auf Sommerflieder (Eggert); b: Zitronenfalter auf Kronen-Lichtnelke (Röder); c: Echtes Leinkraut in Seitenansicht (Geller-Grimm); d: Echtes Leinkraut, Ansicht auf den Kronblattröhreneingang (Vincentz)

Tagfalterblüten werben mit satten Farben und sprechen so die visuelle Wahrnehmung der Bestäuber an. Dass Saftmale den Weg zum Nektar anzeigen, konnte Fritz Knoll in einem Versuch herausfinden. Dazu fing Knoll Taubenschwänzchen (*Macroglossum stellatarum* L.) in einem Käfig ein. In diesem positionierte er eine Schale mit Zuckerwasser, der den Säugrüssel des Schwärmers beim Trinken klebrig machte. Von außen präsentierte Knoll den Schwärmern eine zwischen zwei Glasplatten gepresste Blüte des Echten Leinkrauts (*Linaria vulgaris* MILL.). Beim Anflug auf die Blüte zielten die Schmetterlinge mit ihren Saugrüsseln auf das leuchtend orangene Gaumenmal der blassgelben Blüte, welches den Eingang zum Kronblattsporn markiert (Abbildung 1c und 1d). Die durch die Zuckerlösung klebrigen Rüsselabdrücke machte Knoll durch das Aufbringen eines Farbpigmentpulvers sichtbar. Knoll schnitt das Gaumenmal aus der Blüte heraus und positionierte es im zweiten Versuch an beliebigen Stellen der Blüte. Es gelang ihm nachzuweisen, dass die Taubenschwänzchen gezielt auf das orangene Saftmal abzielen (BERTSCH 1975). Die Unterlippe des Echten Leinkrauts ist durch ein federndes Gelenk an die Oberlippe gepresst. Schmetterlinge gelangen mit ihrem schmalen Rüssel durch die enge Öffnung in den Kronblattsporn und an den Nektar. Hummeln und langrüsselige Bienen schieben ihren Körper zwischen die Ober- und Unterlippe und gelangen so an den Nektar. Erdhummeln beißen den Sporn auf und entnehmen den Nektar, ohne dass eine Bestäubung erfolgt (DÜLL und KUTZELNIGG 2011).

4. Sphingophilie – Blütenanpassung an Nachtfalterbestäubung

Die Blüten der nachtfalterbestäubten Pflanzen sind in der Regel stehende oder hängende röhrenförmig, selten auch Stieltellerblüten mit bis zu 20 cm tief verborgenem Nektar. Ein Landeplatz auf der Blüte ist teilweise vorhanden, aber nicht immer notwendig. Dieses Phänomen steht im Zusammenhang mit dem Flugverhalten der Nachtfalter (NORDT 2007). In der Familie der Schwärmer beherrschen fast alle Arten den Schwirrflug. Auf diese Weise können sie – ähnlich wie Kolibris - vor der Blüte in der Luft stehend Nektar saugen. Das Taubenschwänzchen, mit dem Knoll im Versuch die Bedeutung des Saftmals beim Echten Leinkraut nachweisen konnte, gehört in diese Familie. Da es als Schwärmer alle Merkmale der Nachtfalter aufweist (Abbildung 2a), jedoch tagaktiv ist, wird es ökologisch zu den Tagfaltern gezählt und bildet damit eine Ausnahme. Genau wie Tagfalter fliegt es tagfaltersyndrome Blüten (Psychophilie) an. Mit seinem langen Rüssel kann es im Schwirrflug vor der Blüte stehend saugen (Abbildung 2b). Die Vertreter der Familie der Kleinen Eule beherrschen den Schwirrflug nicht. Sie benötigen einen Landeplatz auf der Blüte oder in deren Nähe (LEINS und ERBAR 2008). Das Farbspektrum der nachtfalterbestäubten Blüten ist deutlich geringer als das der Tagfalterblüten. Es dominieren helle, weiße Farbtöne teilweise mit schwach grünlicher oder violetter Einfärbung. Die helle Farbe erhöht den Kontrast und hebt die Umrisse der Blüte in der Dunkelheit ab (WASSERTHAL 1999). Nachtfalterblüten tragen keine Saftmale. Der Geruch, den sie in der Nacht verströmen, ist meist stark süßlich. Die Blüten sind tagsüber geschlossen und öffnen sich erst in der Abenddämmerung. Die Wunderblume (*Mirabilis longiflora* L.) ist eine in der neuen Welt beheimatete Nachtfalterblume. Ihre Blüten öffnen sich gegen vier Uhr am Nachmittag und verströmen einen süßlichen Geruch. Am Morgen vergehen die Blüten. Die Petalen sind weiß und öffnen sich am Ende der Kronröhre. Die violetten Staub- und Fruchtblätter sind bis zu 6 cm weit vorgestreckt, um die Bestäubung durch die im Schwirrflug saugenden Schwärmer zu ermöglichen (Abbildung 2c). Die Bedeutung der violetten Färbung der Staub- und Fruchtblätter bzw. der orangeroten Färbung der Antheren ist nicht sicher geklärt. Mögliche Hypothesen sind die Bedeutung der Färbung als Signalwirkung auf andere Bestäubung oder als nicht hinderliches und damit nicht reduziertes Merkmal in der phylogenetischen Entwicklung. Die Kronröhre ist bis zu 20 cm lang (Abbildung 2d). Anstelle von Farbmalen weisen viele nachtfalterbestäubte Blüten Duftmale auf. Die Petalen der heimischen Grünlichen Waldhyazinthe (*Platanthera chlorantha* RCHB.) verströmen einen wachsähnlichen Duft, der wie eine olfaktorische Landebahn wirkt und den Weg zum Eingang in den nektarführenden Sporn weist. Durch Anfärben mit verdünnter Neutralrotlösung konnte Theresa Lex die Bereiche der Blüte sichtbar machen, die eine dünne äußere Zellwand aufweisen und die Effusion des Duftstoffes ermöglichen (Abbildung 2e und 2f), (BERTSCH 1975). Die Pollinien stehen weit auseinander und lassen den Sporneingang frei. Dem nektarsaugenden Schwärmer werden die Pollenpakete auf die Facettenaugen geklebt. Da fast der gesamte Körper der Lepidoptera von feinen Schuppen bedeckt ist, haften die Pollinien nur an den wenigen, unbeschuppten Körperregionen wie Facettenaugen,

Extremitäten oder dem Saugrüssel.

Abbildung 2: a: Taubenschwänzchen im Flug mit eingerolltem Rüssel (Derer); Taubenschwänzchen als illegitimer Besucher im Schwirrflug vor einer Saat-Luzerne (Weiser); c geöffnete Blüte von Mirabilis longiflora mit ausreichenden Staub- und Fruchtblättern (Kleinman); d: Habitus Mirabilis longiflora (Mendoza); e und f: Platanthera chlorantha mit angefärbtem Duftmalareal in f (Bertsch 1975)

Abbildung 3: a: Epiphyllum oxipetalum mit starren Blüten (Arteaga); b: Posoqueria tatifolia mit langen, schlanken Röhren (Dick); c: Pinselblüte von Adansonia rubrostipa (Mosquin); d: A. rubrostipa wird von Coelonia solani besucht (Wasserthal 1999)

Weitere Vertreter nachtfalterbestäubter Pflanzen in der neuen Welt sind epiphytische Kakteen der Gattung Epiphyllum oder Selenicereus. Die großen, starren Blüten zwingen die Nachtfalter zur Landung (Abbildung 3a). Vertreter der Rubiaceae wie *Posoqueria latifolia* (SCHULT.) tragen leicht hängende Blüten, deren schlanke Röhren beweglich sind und in der Bewegung des Pendelschwirrflugs mitschwingen (Abbildung 3b). In Afrika ist *Adansonia rubrostipa* (JUM & H.PERRIER), eine Art des Affenbrotbaums, bestens an die Bestäubung durch Schwärmer angepasst. Eine Vielzahl an weit vorgestreckten Staubblättern bilden eine sog. Pinselblüte, die den im halbkreisförmigen Pendelschwirrflug saugenden Schwärmer reichlich mit Pollen bepudert und eine Pollenübertragung auf die zentral gelegene Narbe wahrscheinlich macht (Abbildung 3c und 3d), (WASSERTHAL 1999).

5. Entdeckung und Evolution der langrüsseligen Schwärmer Madagaskars

Im Januar 1862 erhielt Charles Darwin ein Paket mit Orchideen von James Bateman. Darunter befand sich ein Exemplar der auf Madagaskar endemischen, epiphytisch wachsenden Orchidee *Angraecum sesquipedale* (THOUARS.). Der bis zu 33 cm lange nektarführende Sporn dieser Orchidee weckte Darwins Interesse. Darwin stellte die Hypothese auf, es müsse einen Bestäuber (wahrscheinlich einen Schwärmer) geben, der einen enorm langen Saugrüssel hat, um an den Nektar von *A. sesquipedale* zu gelangen, und somit die Bestäuberfunktion dieser Orchidee übernimmt. Der vorhergesagte Schwärmer, *Xanthopan morganii praedicta* (WALKER) wurde erst 21 Jahre nach Darwins Tod entdeckt. Eine Bestäubung von *A. sesquipedale* durch *X. morganii praedica* konnte aber zu dieser Zeit nie beobachtet werden. Erst 1992 wurde ein männliches Exemplar gefangen, das ein Viscidium von *A. sesquipedale* auf dem Rüsselansatz trug. Im selben Jahr gelang eine Aufnahme mit Nachtsichtgeräten in freier Natur, die *X. morganii praedicta* beim Anflug auf die Orchidee zeigte. Der Beweis, dass Darwin mit seiner Bestäuber-Theorie Recht gehabt hatte, wurde also erst über 100 Jahre nach seinem Tod erbracht (WASSERTHAL 2012). Abbildung 4.1 zeigt *X. morganii praedicta* im Anflug auf *A. sesquipedale*. Der Schwärmer positioniert seinen Saugrüssel im Sporneingang, bevor er auf dem vorstehenden Labellum der Orchidee landet. Durch den langen Sporn (bis zu 33 cm), der nur wenig hoch mit Nektar gefüllt ist, zwingt

A. sesquipedale den Schwärmer mit einer Rüssellänge bis zu 28 cm zur Landung. Um an den Nektar zu gelangen, muss *X. morganii praedicta* seinen Kopf bis zum Sporneingang vorschieben. Beim Starten von der Blüte nach oben hinten zieht der Schwärmer seinen Rüssel zurück, an dessen Basis das Viscidium der Pollinien haften bleibt (WASSERTHAL 2012).

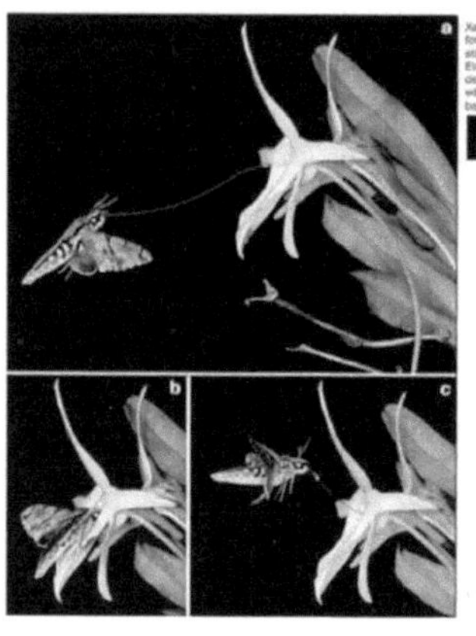

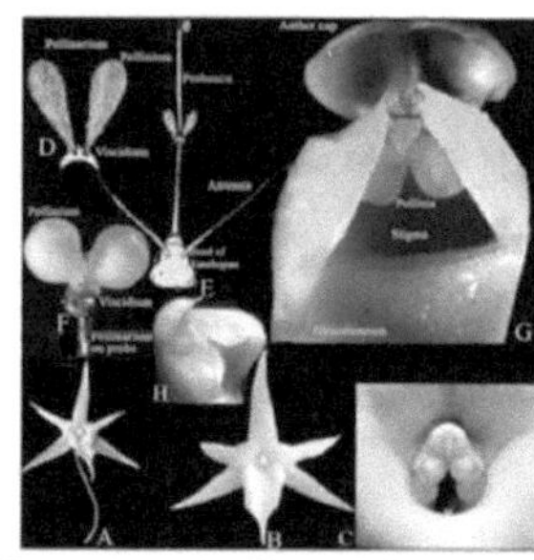

Abbildung 4: 1: Xanthopan morganii praedicta beim Anflug und der Bestäubung von Angraecum sesquipedale (WASSERTHAL 2015); 2: Blütenaufbau von A. sesquipedale mit Aufsicht auf das Gynostemium und herausgelösten Pollinien (WASSERTHAL 2012)

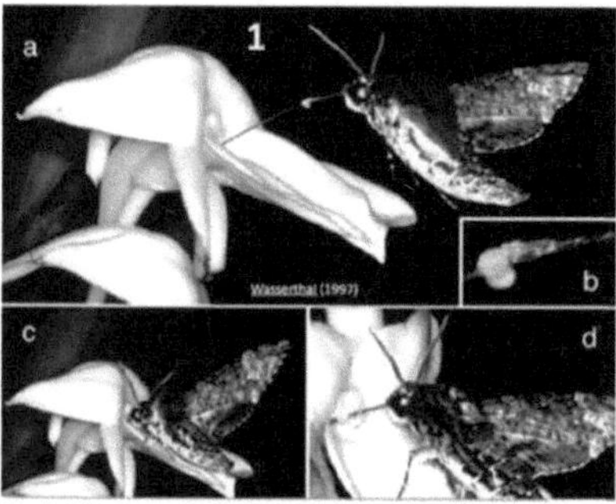

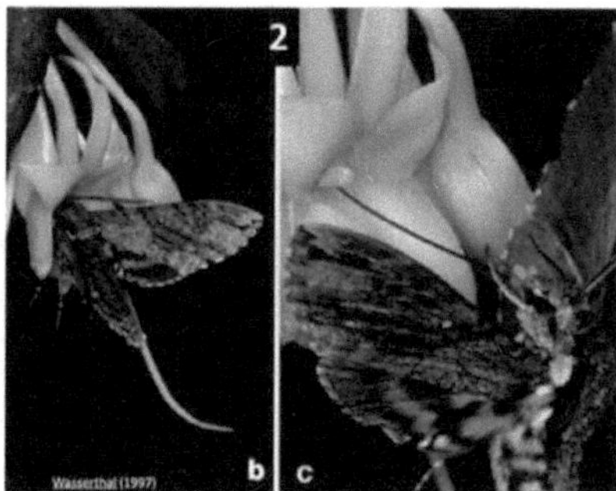

Abbildung 5: 1: A. sororium wird von Coelonia solani besucht (WASSERTHAL 1997); 2: A. compactum wird von Panogena lingens besucht (WASSERTHAL 1997)

Die Blüte von *A. sesquipedale* ist sternförmig aus den drei äußeren Sepalen und den drei inneren Petalen aufgebaut. Das untere Petal ist verbreitert und bildet das Labellum, welches an seinem Grund das Gynostemium umfasst (Abbildung 4.2 C). Dieses Säulchen trägt unter der Antherenkappe die Klebscheibe (Viscidium) mit den Pollinien. Tiefer im Sporneingang befindet sich die Narbe (Abbildung 4.2 G). Auch bei der Orchideenart *A. sororium* (SCHLTR.) ist das dritte Petal zu einem Labellum verbreitert. Ihr Sporn erreicht eine Länge von bis zu 28 cm. *A. sororium* wird von einem anderen Schwärmer *Coelonia solani* (BOISDUVAL) bestäubt. Dieser fungiert ebenfalls als Bestäuber für *Adansonia rubrostipa*. Die Rüssellänge von *C. solani* beträgt bis zu 19 cm. Um an den Nektar von *A. sororium* zu gelangen, ist der Schwärmer gezwungen, auf dem Labellum zu landen (Abbildung 5.1). Das Herausziehen der Pollinien beim Abheben von der Blüte ist analog zum Mechanismus von *A. sesquipedale* und *X. morganii praedicta*. Ein Beispiel einer Angraecum Art, die kein Labellum ausgebildet hat, ist *Angraecum compactum* (SCHLTR.). Ihr Bestäuber ist *Panogena lingens* (BUTLER.), eine Schwärmerart, die viele Madagaskarorchideen mit mittellangem Sporn bestäubt. Die Blüte von *A. compactum* ist resupiniert, also um 180° gedreht, sodass das Labellum nach oben gerichtet ist. Ihr Sporn ist bis 18 cm lang. Das Labellum ist wenig verbreitert und kann nicht als Landeplatz genutzt werden WASSERTHAL 1997). Der Bestäuber fliegt *A. compactum* im Schwirrflug an. Um an den Nektar im distalen Spornende zu gelangen, muss er im Schwirrflug seinen Kopf in Richtung Sporneingang und gegen das Gynostemium drücken. Dort werden die Pollinien mit der Klebscheibe auf die proximale Rüsselbasis positioniert (Abbildung 5.2).

Die Frage nach dem evolutiven Nutzen von enorm langen Saugrüssel einiger Schwärmerarten kann durch die Betrachtung der Prädatoren beantwortet werden. Bei den Tagfalterblüten ist schon lange bekannt, dass Krabbenspinnen auf den Blüten lauern, um Insekten beim Nektartrinken zu erbeuten. Auch bei den von Schwärmern besuchten Blüten konnten nachtaktive Jagdspinnen nachgewiesen werden (Abbildung 6a). In der neuen Welt lauern Arten der Gattung Ctenidae den Bestäubern auf. In der alten Welt sind des Vertreter der Gattung Heteropodidae (WASSERTHAL 2015). Diese Spinnen nehmen die Vibrationen wahr, die der Schwirrflug der Schwärmer in der Luft erzeugt, und können diese auf bis zu zwei Meter Entfernung genau anpeilen. Die Spinne sichert sich mit einem Spinnenfaden an der Blüte und springt den Falter in der Luft an, um diesen zu erbeuten (Abbildung 6b). Über diese Prädation wird so ein Selektionsdruck hin zu größerer Rüssellänge erzeugt. Auch der Pendelschwirrflug könnte als Anpassung auf die Prädation durch Jagdspinnen entstanden sein. Zusätzlich zum normalen Schwirrflug bewegt sich der Schwärmer hier beim Saugen halbkreisförmig über der Blüte hin und her (Abbildung 6c).

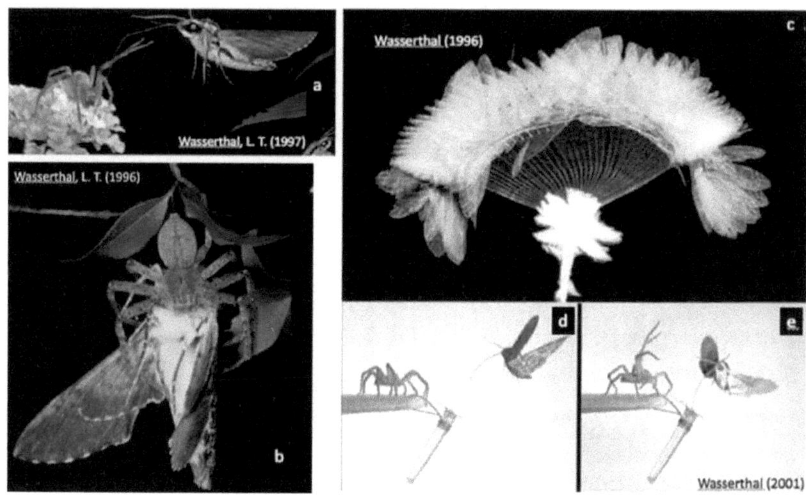

Abbildung 6: a: Panogena saugt Nektar in Anwesenheit einer lauernden Jagdspinne; b: Coelonia brevis im Griff einer Spinne, die den Schwärmer aus der Luft erbeutet hat; c: Pendelschwirrflug eines Windenschwärmers mit Stroboskop aufgenommen; d,e: Die Jagdspinne Cupiennius coccineus wechselt von der Lauer- zur Angriffstellung um auf einen schwirrenden Windenschwärmer zu springen, der vor einer Kunstblüte zwischen Position d und e hin- und herpendelt. (a-c WASSERTHAL 2012 und d-e WASSERTHAL 2015)

Im Konfrontationsexperiment konnte Wasserthal zeigen, dass die auf der Blüte lauernde Jagdspinne zwar den im Pendelschwirrflug fliegenden Schwärmer anvisiert, seine Position aber nicht genau bestimmen kann (Abbildung 6d und 6e). Somit schützt der Pendelschwirrflug Schwärmer vor der Prädation durch Spinnen (WASSERTHAL 2015).

Im Jahre 1862 postulierte Darwin ein Coevolutionsmodell zwischen der Spornlänge der Blüten und der Saugrüssellänge der Bestäuber. In dem Maße, in dem die Spornlänge zunahm, musste auch die Rüssellänge anwachsen (Abbildung 7a). Durch die Entdeckung der nächtlichen Jagdspinnen, die Schwärmer aus der Luft erbeuten, führen

Wissenschaftler die zunehmende Rüssellänge auf den Selektionsdruck dieser Prädation zurück. Welchen Vorteil bietet aber nun die Spornlängenzunahme für die Orchidee?

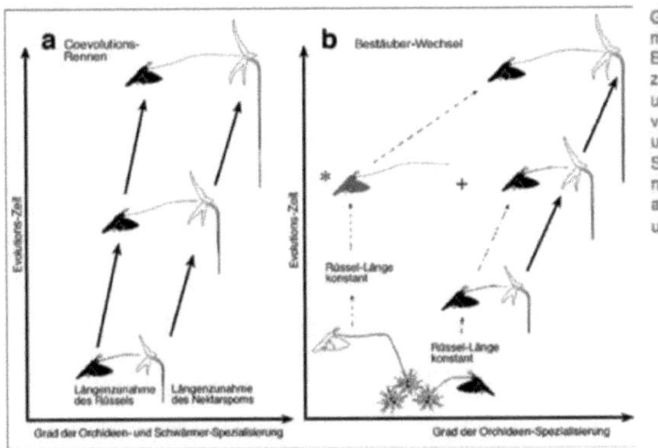

Abbildung 7: Gegenüberstellung des Coevolutionsmodells Darwins (a) und des Pollinator Shift Modells (b) (WASSERTHAL 2015)

Wasserthal geht davon aus, dass die ursprünglichen Bestäuber der Blüten Schwärmer mit mittellangem Saugrüssel gewesen sind. Diese Blüten wurden von ihren Bestäubern besucht, die die Pollinien entfernten und beim Besuch auf die Narbe der nächsten Blüte übertrugen. Langrüsselige Schwärmer saugten ebenso von der Blüte. Auch auf ihrem Rüssel wurden die Pollinien über das Viscidium positioniert. Durch den längeren Rüssel waren die Pollinien aber zu weit distal platziert, sodass die Schwärmer sie beim Putzen des Rüssels mit ihren Vorderbeinen abstreifen konnten. Nur die proximal am Rüsselansatz der kurzrüsseligeren Schwärmer positionierten Pollinien waren außerhalb der Reichweite des Putzradius der Vorderbeine. Durch den illegitimen Besuch konnte der Pollen nicht übertragen werden. Dadurch entstand ein Selektionsdruck hin zu längeren Spornen, bis irgendwann die ursprünglichen Bestäuber mit ihren Rüsseln nicht mehr an den Nektar kamen und die Blüten nicht mehr besuchten (Abbildung 7b). An dieser Stelle fand ein Bestäuberwechsel (Pollinator Shift) hin zu langrüsseligen Schwärmern statt, die nun die legitimen Besucher der Blüten sind (WASSERTHAL 2015).

6. Zusammenfassung

Die meisten Schmetterlinge haben einen aus den Mundwerkzeugen gebildeten Saugrüssel, mit dem sie niederviskose Flüssigkeiten, zum Beispiel Nektar aufnehmen können. Unter ökologischer Betrachtung lassen sich blütenbesuchende Schmetterlinge in Tag- und Nachtfalter unterscheiden. Die Syndrome, also die Anpassungsmerkmale der Blüten, unterscheiden sich deutlich, je nachdem, ob Tag- oder Nachtfalter angelockt werden. Tagfalterblüten locken ihre Bestäuber vorwiegend mit optischen Reizen und satten Farben von rot über blau bis gelb. Oft tragen diese Blüten auch Saftmale, die den Bestäubern den Weg zum Nektar weisen (z.B. *Linaria vulgaris*). Ihr Duft ist oft nur schwach ausgeprägt und blumig oder fruchtig. Für alle Tagfalter (mit Ausnahme der tagaktiven Schwärmer z.B. *Macroglossum stellatarum*) muss ein Landeplatz auf oder in der Nähe der Blüte vorhanden sein. Der Nektar ist bis zu 4 cm tief verborgen. Im Gegensatz zu den farbintensiven Blüten der tagfalterbestäubten Pflanzen sind Nachtfalterblüten von weißer Farbe, die gegen die dunkle Nacht einen guten Kontrast bilden. Die Bestäuber werden über einen olfaktorischen Reiz angelockt. Die Blüten verströmen einen starken, oft süßlichen Duft, der ähnlich der optischen Saftmale als Duftmal zu den Nektarien führt (*Platanthera chlorantha*). Nachtfalterblüten öffnen sich meist erst am Abend und bieten teilweise einen Landeplatz an. Ihr Nektar ist bis zu 20 cm tief verborgen. Als Anpassung an die Schmetterlingsbestäubung haben sich viele Blütenformen gebildet, z.B. Röhrenblüten, Stieltellerblüten oder Pinselblüten. Die meisten Schmetterlinge sind Generalisten, so suchen viele Schwärmer mit ihrem langen Rüssel gezielt kleine Einzelblüten an Blütenständen nach Nektar ab (*M. stellatarum*). Andere Arten stehen in enger Anpassung mit den von ihnen besuchten Blüten, wie am Beispiel der Sternorchideen und der Schwärmer Madagaskars zu sehen ist. Das von Darwin aufgestellte Coevolutionsmodell bezogen auf die Zunahme der Rüssel- und der Sporenlänge dieser Bestäubungspartner wurde durch das Pollinator Shift Modell von Wasserthal abgelöst. Als Ursache für die zunehmende Rüssellänge der Schwärmer wird der durch Jagdspinnen ausgelöste Selektionsdruck angenommen. Auch der Pendelschwirrflug ist eine Anpassung an die Prädation. Diese langrüsseligen Schwärmer erzeugten einen Selektionsdruck auf die Orchideen, um dem Pollenverlust durch zu weit distal am Saugrüssel angebrachte Pollinien entgegenzuwirken. Daraus resultierte eine Zunahme der Spornlänge.

7. Literaturverzeichnis

Bertsch, A. (1975) Blüten – lockende Signale. Ravensburger-Verlag

Düll, R.; Kutzelnigg, H. (2011) Taschenlexikon der Pflanzen Deutschlands und angrenzender Länder. Die häufigsten mitteleuropäischen Arten im Porträt. 7. Korrigierte und erweiterte Auflage. Quelle & Meyer. Wiebelsheim

Grzimek, B. (Hrsg.) (1969) Enzeklopädie des Tierreichs. Band II. Kindler Verlag. Zürich

Karsholt, O. (1996) The lepidoptera of Europe: a distributional checklist. Apollo Books. Stenstrup

Leins, P.; Erbar, C. (2008) Blüte und Frucht. Morphologie, Entwicklungsgeschichte, Phylogenie, Funktion, Ökologie. 2. überarbeitete Auflage. Stuttgart

Nordt, B. (2007) Die Bestäubung. Blüte und Biene und... - Eine Millionen Jahre alte Liebesgeschichte. pdf. www.bgbm.org (10.01.2017)

O'Toole, Ch. (2002) Firefly Encyclopedia of Insects and Spiders. Firefly books.

Wasserthal, L. T. (1997) The Pollinators of the Malagasy Star Orchids *Angraecum sesquipedale*, *A. sororium* and *A. compactum* and the Evolution of Extremely Long Spurs by Pollinator Shift in Botanica Acta Vol. 110 (5): 343-359

Wasserthal, L. T. (1999) Nachtfalterblüten. In Blütenökologie – Faszinierendes Miteinander von Pflanzen und Tieren. Ebs. Zizka & Schneckenburger. Kleine Senckenbergreihe 33. Palmengarten Sonderheft 31: 67-73

Wasserthal, L. T. (2012) 'Good Heavens what insect can suck it' Charles Darwin, *Angraecum sesquipedale* and *Xanthopan morganii praedicta*. In Botanical Journal of Linnean Society 169 (3): 403-432

Wasserthal, L. T. (2015) Angraecum-Orchideen und langrüsslige Schwärmer, Bestäubung und Evolution. In Die Orchidee 66 (3): 175-181

Bildquellen

- Arteaga, E. (2006) www.wikipedia.org (Stand: 11.01.2017)
- Derer, F. (o. J.) www.nabu.de (Stand: 07.01.2017)
- Dick, C. (o. J.) http://www.dixpix.ca/intro.html (Stand: 11.01.2017)
- Eggert, A. (o. J.) http://www.eggert-baumschulen.de/images/product_images/popup_images/146_5_Buddleja-Royal-Red-Sommerflieder-Royal-Red.jpg (Stand: 07.01.2017)
- Geller-Grimm, F. (2006) www.wikipedia.de (Stand: 07.01.2017)
- Kleinman, R. (2007) www.wnmu.edu West New Mexico University (Stand: 07.01.2017)
- Mendoza, A. (o. J.) www.swbiodiversity.org (Stand: 07.01.2017)
- Mosquin, D. (o. J.) https://www.flickr.com/photos/37651998@N02/4931785735/ (Stand: 11.01.2017)
- Röder, K. (o. J.) https://roederklaus.files.wordpress.com/2015/08/zitronenfalter_kronen_lichtnelke_1.jpg?w=640 (Stand: 07.01.2017)
- Vincentz, F. (2008) www.wikipedia.de (Stand: 07.01.2017)
- Weiser, P. (2015) www.duene-sandhausen.de (Stand: 07.01.2017)

8. Abbildungverzeichnis

BEI GRIN MACHT SICH IHR WISSEN BEZAHLT

- Wir veröffentlichen Ihre Hausarbeit,
  Bachelor- und Masterarbeit

- Ihr eigenes eBook und Buch -
  weltweit in allen wichtigen Shops

- Verdienen Sie an jedem Verkauf

Jetzt bei www.GRIN.com hochladen
und kostenlos publizieren